CHAMBRE D'AGRICULTURE

DOCUMENTS

RELATIFS

AUX MODIFICATIONS PROJETÉES

A LA LÉGISLATION

SUR LES SUCRES

TYPOGRAPHIE DE GABRIEL & GASTON LAHUPPE

Rue du Conseil, 119, à Saint-Denis

1884

CHAMBRE D'AGRICULTURE

AVANT-PROPOS

Au lendemain du congrès sucrier d'Amiens, on pouvait prévoir qu'un accord interviendrait entre les fabricants indigènes sur le terrain de l'impôt frappant la matière première, pouvant seul leur fournir une arme pour résister à l'invasion des sucres étrangers.

Il y avait dès lors lieu de se préoccuper de la situation qui serait faite aux sucres coloniaux continuant à être frappés du droit sur le produit fabriqué, tandis que les sucres indigènes allaient rencontrer dans l'impôt sur la betterave, le jus ou la masse cuite, des excédants, des bonifications, qui équivaudraient à de véritables primes.

Que deviendrait alors l'équivalence de charges proclamée à l'époque de la suppression de la détaxe de distance, établissant qu'une parfaite égalité devait exister entre la production indigène et la production exotique.

C'est alors que M. Emile Hugot, membre de la Chambre d'agriculture, justement préoccupé de cette situation, avec une sagacité à laquelle il convient d'applaudir, eut l'heureuse idée de proposer aux fabricants de sucre de la Réunion de charger notre éminent compatriote, M. Gabriel Couturier, de les représenter au sein du comité central des fabricants de sucre de France, où déjà il représentait les intérêts des usiniers de la Guadeloupe, et d'y défendre notre industrie coloniale.

L'idée venue à son heure rencontra une adhésion à peu près générale auprès de nos fabricants, et des pouvoirs furent adressés à M. Couturier par la malle de novembre.

Pendant ce temps la situation avait empiré sur nos grands marchés sucriers où le mal, devenant chaque jour plus intense, arrivait à sa période aigue, avec la récolte de près d'un milliard de kilog. de sucre que l'Allemagne livrait, grâce aux primes indirectes dont sa fabrication bénéficie, à des prix inouïs de bon marché lui permettant d'accaparer nos débouchés et de venir jusque sur nos marchés faire concurrence à nos produits nationaux.

A la suite de cette invasion d'un nouveau genre, on est amené à penser que la dernière heure des industries sucrières indigènes et coloniales a sonné, si, à bref délai, une modification radicale n'est apportée dans la législation qui régit cette importante branche de nos revenus.

C'est animé de ces sentiments, que le ministre de l'agriculture vient de saisir le Conseil supérieur, attaché à son département, de l'étude de cette question, et que cette assemblée spéciale vient d'émettre le vœu que l'impôt sur le jus soit institué, dès 1884-85, à celui sur le produit fabriqué, comme pouvant seul, aux termes du rapport de l'honorable M. Fouquet, député de l'Aisne, « assurer aux fabricants des bonis de fabrication par l'emploi des perfectionnements industriels. » Toutefois, sur la proposition du ministre, le Conseil a réservé sa décision définitive jusqu'à ce qu'il ait envisagé les compensations à accorder aux sucres coloniaux, en retour des avantages dont ceux indigènes allaient jouir.

C'est au moment où les pouvoirs des propriétaires de la Réunion parvenaient à M. Couturier, que ce vote important était émis et la réserve ministérielle formulée. L'heure ne pouvait être plus opportune. Aussi dans sa lettre du 14 janvier, M. Couturier, envisageant la situation avec une grande hauteur de vue et une rare connaissance de la question, nous fait pressentir les difficultés que nous rencontrerons à nous faire accorder une compensation sous forme de détaxe ; il nous invite, en conséquence, à étudier l'impôt sur le jus dans son application aux colonies.

On se trouve donc en présence des deux questions suivantes :

1° Convient-il de demander l'application de l'impôt sur le jus à la Réunion ?

2° A défaut, quel sera le mode de compensation et son quantum ?

Enserré par des délais rigoureux qui ont été encore réduits par le départ anticipé du courrier, le bureau de la Chambre d'agriculture, s'adjoignant la Commission de permanence et ceux des membres de bonne volonté qui se trouvaient près de la ville, a tout d'abord décidé qu'une étude préalable de la question devait être faite pour être ensuite soumise à une assemblée générale, où figureraient tous les intéressés et que provisoirement la malle porterait à M. Couturier et à nos Représentants un ensemble des études et des recherches faites sur la question qu'on nous soumettait, réservant à la réunion générale le soin de prendre une décision dans un sens ou dans un autre.

C'est ce qui a été fait.

La lettre du Président de la Chambre à M. Couturier, en date du 19, établit l'état des études, de même que celle à la représentation coloniale ; toutes deux font pressentir les difficultés que rencontrerait l'application de l'impôt sur le jus aux colonies et font entrevoir les compensations auxquelles la Colonie pourrait prétendre.

A MONSIEUR GABRIEL COUTURIER,

OFFICIER DE LA LÉGION D'HONNEUR, ANCIEN GOUVERNEUR DE LA GUADELOUPE.

Monsieur,

En notre qualité de Propriétaires usiniers, fabricants de sucre à l'île de la Réunion, nous venons vous prier de vouloir bien accepter de nous représenter auprès du Comité central des fabricants de sucre en France.

Nous vous confions le soin de veiller à nos intérêts, persuadés qu'ils ne peuvent être confiés à de meilleures mains.

La présente lettre vous tiendra lieu de pouvoir spécial pour vous accréditer en notre nom auprès du Comité central.

Nous prenons, dès ici, l'engagement de verser chaque année au Comité central un centime par cent kilogrammes de sucre fabriqué par nos usines, chiffre fixé d'ailleurs par les statuts du Comité central.

Saint-Denis, le 26 septembre 1883.

St-LEU, Etablt Grande-Ravine :	Mme Gautier, M. Buroleau.
St-DENIS : Etabt Bretagne ;	M. Aug. Cornu.
Ste-ROSE, Etabt Rivière de l'Est :	M. E. Hugot.
St-ANDRÉ, Etabt Désert :	MM. Jules Gérard, Amédée Gérard et Grenard.
St-PAUL, Etabt Maison-Blanche :	M. Octave Adamolle.
St-LEU, Etabt Surprise :	M. Rétout.
St-LEU, Etabt Stella Matutina :	M. Dussac.
POSSESSION, Etabt Ste-Thérèse :	M. Charles Maureau.
St-DENIS, Etabt Chaudron :	M. André Lory.
St-DENIS, Etabt Riv. des Pluies :	M. Jules Lory.
Ste-MARIE, Etabt Réunion :	M. Gab. Robert.
St-LOUIS, Etabt Bois de Nèfles :	M. Léon Larée.

Ste-ROSE, Etabt Ravine Glissante : M. André Lory.
Ste-ROSE, Etabt des Cascades : M. Camille de Pontlevoye.
St-BENOIT, Etabt Confiance : M. Henri Selhausen.
BRAS-PANON, Etabt Riv. du Mât : M. Adam de Villiers (Armand)
Ste-MARIE, Etablissement : M. Armand Adam de Villiers.
St-PIERRE, Etabt Rav. des Cafres : M. Blainville Choppy.
St-PIERRE, Etabt des Grands Bois : M. Charles Choppy.
St-PIERRE : M. Le Coat de K/véguen.
Société du Crédit Foncier colonial : M. Dolabaratz.
Ste-SUZANNE, Etabt Bois Rouge : M. Adrien Bellier.
Etabt Union : do
BRAS-PANON, Etabt Bras-Panon : M. Martin Lamotte.
St-PIERRE, Etabt Rav. des Cabris : MM. Orré frères.
St-PIERRE, Etabt Folie Orré : M. Orré.
St-JOSEPH. Etabt Caprice Orré : do
St-JOSEPH, Etabt Orré frères : M. Jules Gérard.
Ste-SUZANNE, Etabt Renaissance : M. Jules Gérard.

LETTRES DE M. G. COUTURIER

Délégué des usiniers de la Guadeloupe au Comité central des fabricants de sucre de France

AU

PRÉSIDENT DE LA CHAMBRE D'AGRICULTURE

DE LA RÉUNION

Paris, le 18 décembre 1883.

Monsieur le Président,

J'ai reçu de Messieurs les propriétaires usiniers, fabricants de sucre à l'île de la Réunion, le mandat de les représenter au Comité central des fabricants de sucre de France.

J'étais déjà délégué des usiniers de la Guadeloupe au Comité central, qui m'a fait l'honneur de me choisir pour l'un de ses vice-présidents, voulant témoigner par là l'importance qu'il attache à l'union de la sucrerie coloniale et de la sucrerie indigène.

Je me suis empressé de faire part à M. le président et à M. le secrétaire général du Comité central de la délégation que j'ai reçue. Tous deux m'en ont exprimé leur vive satisfaction, en attendant la prochaine réunion du Comité, qui sera très-heureux de voir la représentation des intérêts sucriers français fortifiée par l'adhésion des fabricants de la Réunion.

Pour moi, profondément touché de la marque de confiance et de sympathie dont m'ont honoré mes compatriotes, je ferai tous mes efforts pour me montrer digne de la mission qu'ils m'ont donnée et pour leur prouver en même temps mon dévouement à mon pays natal.

Il m'a été particulièrement agréable de voir figurer votre nom parmi les signatures de mes honorables commettants, et de pouvoir m'en autoriser pour entrer en rapport avec vous et avec la Chambre d'agriculture que vous présidez.

Je ne saurais être mieux inspiré dans l'accomplissement de ma mission qu'en me guidant sur les vues de la Chambre d'agriculture, qui est la représentation la plus directe et la plus autorisée des intérêts de l'industrie principale du pays.

Le mandat que m'ont confié les usiniers de la Réunion ne pouvait se rencontrer avec des circonstances plus opportunes. Vous n'ignorez pas l'agitation qu'ont causée les questions relatives au régime fiscal des sucres, ni les graves discussions qu'ont provoquées les différents systèmes proposés pour permettre à la sucrerie indigène de se défendre contre la concurrence étrangère.

Eh bien ! l'affaire vient d'entrer dans une nouvelle phase. Vous verrez dans les journaux que la Commission nommée par le Conseil supérieur de l'agriculture s'est prononcée, en principe, pour l'établissement de l'impôt sur le jus. Je vous ai fait adresser un numéro du journal l'*Avenir des Colonies et de la Marine*, dans lequel j'ai discuté la situation que ferait aux colonies l'adoption de ce système. La thèse que je soutiens est que la sucrerie coloniale doit être maintenue sur le pied d'égalité avec la sucrerie indigène : tout système qui, transportant l'impôt sur la matière première, permettrait au producteur de réaliser des bonis de fabrication, qui constitueraient des primes en faveur de la sucrerie indigène, ferait une situation d'infériorité à la sucrerie coloniale, qui acquitte les droits, à l'entrée, sur le produit fabriqué ; il faudrait par conséquent, pour conserver la balance égale, que tout avantage fait à la sucrerie indigène par un changement d'assiette de l'impôt fût compensé par un avantage équivalent en faveur du sucre provenant des colonies françaises.

Cette thèse n'est autre que celle que j'ai déjà fait accepter au Comité central des fabricants de sucre, ainsi qu'au congrès sucrier d'Amiens. Je la soutiendrai encore auprès du Conseil supérieur de l'Agriculture, au quel je me présenterai comme délégué de l'industrie sucrière de la Réunion et de la Guadeloupe.

Ce double mandat ne pourra que donner plus de force aux revendications que j'aurai à exprimer, au nom des intérêts communs de nos colonies.

Si vous agréez le désir que je vous ai témoigné de me tenir en communication avec la Chambre d'agriculture, je vous prierai, Monsieur le Président, de vouloir bien me faire adresser régulièrement le journal de la Colonie qui publie les délibérations de la Chambre. Je pense trouver aussi dans le même journal le mouvement mensuel de la production et de l'exportation.

Peut-être jugerez-vous utile que, de son côté, la Chambre d'agriculture soit abonnée au journal *La sucrerie indigène et coloniale*, organe du Comité central des fabricants de sucre. Je me chargerai, dans ce cas, d'exécuter les instructions que vous croirez devoir me donner à ce sujet.

Veuillez bien croire, Monsieur le Président, au bon souvenir que j'ai gardé de nos anciennes relations, et agréez l'assurance de mes sentiments les plus dévoués.

G. COUTURIER.

Paris, le 14 janvier 1884.

Monsieur le Président,

Par suite de l'ignorance où j'étais du changement apporté dans les départs périodiques de la malle pour la Réunion, la lettre que j'ai eu l'honneur de vous écrire le 18 décembre dernier vous parviendra sans doute en même temps que celle-ci. Je tenais à vous expliquer la cause de ce retard, que je regrette vivement, car je m'étais fait un devoir de répondre sans délai à la transmission du mandat qu'ont bien voulu me confier messieurs les usiniers fabricants de sucre de notre colonie.

La question de l'impôt sur les sucres, dont je vous entretenais dans ma précédente lettre, continue d'occuper les esprits. Une délégation de la chambre de commerce de Nantes s'est rendue à Paris. Elle a bien voulu se mettre en rapport avec moi, et m'a exprimé le désir de voir une entente parfaite s'établir entre les colonies françaises et les ports de mer, dont les intérêts sont connexes dans cette question. J'ai répondu que les colonies et le commerce maritime sont, en effet, des alliés naturels qui doivent s'associer dans une action commune et réunir toutes les influences dont ils pourront disposer pour obtenir que les avantages résultant d'une nouvelle législation soient également partagés entre la sucrerie coloniale et la sucrerie indigène.

Nous nous sommes donc promis d'agir de concert et de nous communiquer réciproquement tous les renseignements qui pourraient être utiles à la défense de la cause commune.

Les délégués du commerce de Nantes ont conféré avec les représentants des colonies. De mon côté, j'ai donné connaissance à notre honorable député, M. de Mahy, du mandat que j'avais reçu de messieurs les usiniers de la Réunion; nous avons échangé nos vues relativement au plan de conduite à suivre, et de ce côté aussi j'ai reçu, avec un accueil cordial, les assurances de concours et d'appui les plus formelles. J'ai annoncé à M. de Mahy mon intention de voir, après lui, MM. Milhet et Dureau de Vaulcomte, auprès desquels je suis certain d'ailleurs de rencontrer le même accueil.

J'ai eu une audience du ministre de l'agriculture, qui a, comme vous le savez, eu l'initiative de la réforme de l'impôt sur les sucres. M. Méline m'a accueilli parfaitement, et m'a témoigné les meilleures dispositions à l'égard des colonies; il m'a assuré que son intention était de soutenir, contre les assauts de la concurrence étrangère, la *production française*, qui comprend pour lui la production du territoire colonial aussi bien que celle du territoire métropolitain; qu'il avait réservé, auprès du Conseil supérieur de l'agriculture, l'examen des satisfactions à donner aux colonies françaises dans le nouveau système d'impôt. M. Méline a ajouté que la difficulté était de trouver par quels moyens et sous quelle forme l'on pourrait accorder aux colonies l'équivalent des avantages qu'assurerait à la fabrique indigène l'abonnement sur le jus. Il m'a prévenu qu'il me ferait appeler dans la commission qui se réunira bientôt pour étudier la question à ce point de vue.

Le principe d'une juste compensation pour les colonies est généralement admis. Je l'avais fait accepter déjà, dès l'origine, par le Comité central des fabricants de sucre et par le Congrès sucrier d'Amiens.

Le ministre et le conseil supérieur de l'Agriculture l'acceptent également. Mais, où les opinions se diviseront, c'est quand il s'agira de déterminer le mode et la forme de la compensation.

La première solution qui se présente à l'esprit est la concession d'une détaxe équivalente à la prime dont jouira la sucrerie indigène. C'est cette solution que préconise la Chambre de commerce de Nantes. Mais nous ne devons pas espérer qu'elle se fasse aisément accepter par les fabricants de sucre de betterave : une détaxe aurait, à leurs yeux, l'inconvénient d'attirer en France le courant de l'importation des sucres de nos colonies, et par suite d'augmenter l'abondance de la denrée sur le marché métropolitain.

D'un autre côté, ne nous dissimulons pas que l'établissement d'une détaxe compensatrice en faveur des colonies présentera de sérieuses difficultés. Comment fixer le taux de la détaxe ?... Le boni que la fabrique indigène pourra réaliser sur la prise en charge du jus est relatif, éventuel, indéterminé ; il variera suivant la qualité des jus, suivant le perfectionnement des procédés de fabrication. Comment trouver dans un bénéfice contingent et variable la base d'une équivalence pour fixer le taux de la détaxe compensatrice qu'il faudra accorder au sucre colonial ?

Non seulement la fixation de la détaxe donnera lieu à des difficultés, et il faut prévoir que l'on sera plutôt porté à en réduire le taux qu'à l'élever ; mais encore, la supposant établie d'après des calculs approximatifs, elle sera l'objet de contestations incessantes ; elle sera un prétexte à récriminations continuelles contre les colonies, auxquelles on la reprochera comme une faveur, comme un privilége, tandis qu'en réalité, elle ne sera pas même la représentation exacte des avantages dont jouira la sucrerie indigène.

Rappelez-vous les attaques que suscita l'ancienne

détaxe accordée aux sucres des colonies françaises ! Et pourtant elle reposait aussi sur un principe juste, elle était la compensation des charges résultant de la distance des lieux de production aux lieux de vente.

Cependant l'on n'a pas cessé de la battre en brèche jusqu'à ce qu'elle ait été abolie. Il en serait de même de la détaxe qui serait établie aujourd hui comme compensation des bonis que laisserait à la fabrique indigène l'abonnement sur le jus.

Si la compensation sous la forme de détaxe n'était pas adoptée, on serait amené à examiner s'il ne conviendrait pas de réclamer pour les colonies la parité absolue avec la métropole, c'est-à-dire de demander que l'impôt soit perçu dans la colonie même, sur le jus de canne, comme en France sur le jus de betterave. Vous jugerez si ce ne serait pas une attitude meilleure à prendre pour l'industrie coloniale. On n'aurait plus alors aucun prétexte pour contester aux colonies les avantages de la législation métropolitaine en alléguant qu'elles sont dans une situation exceptionnelle, qu'elles ne sont pas assujetties à l'exercice, qu'elles ne payent pas de droits sur les sucres livrés à la consommation locale, etc. etc.

Les fabricants des colonies seraient placés exactement dans les mêmes conditions que ceux de la métropole. L'impôt étant acquitté par voie d'abonnement sur la prise en charge des jus de canne, les sucres arriveraient dans les ports de France entièrement libérés ; ceux qui seraient exportés à l'étranger donneraient lieu à un drawback, qui ferait bénéficier le fabricant de tout l'excédant qu'il aurait obtenu sur le taux de l'abonnement.

Dans ce système, le producteur resterait libre de choisir les débouchés les plus avantageux pour l'écoulement de sa marchandise: qu'il expédie ses sucres en France ou à l'étranger, il bénéficierait également des excédants de fabrication, tandis que, dans l'autre système, il serait obligé d'envoyer ses produits en France pour profiter de la détaxe.

Si le principe d'uniformité pour la perception de l'impôt était admis, il faudrait, pour que l'application en fût équitable, déterminer le taux de l'abonnement sur le jus de canne, relativement au taux qui serait fixé sur le jus de betterave, de manière à laisser aux fabricants des colonies une marge de bénéfice équivalente.

Mais, pour que l'uniformité de perception soit établie, il faudrait que les usines coloniales fussent soumis à l'exercice. Je ne me dissimule pas tout ce que ce régime pourrait soulever de répugnances chez les colons, habitués jusqu'à présent à une complète liberté dans la fabrication du sucre. Vous vous direz cependant que vous supportez déjà bien l'exercice sur la distillerie, et vous vous demanderez si les inconvénients du même régime, appliqué aux sucreries, ne serait pas balancé par les bénéfices que vous retireriez du système d'abonnement, qui vous laisserait, comme les fabricants de France, profiter de tous les excédants que vous pourriez obtenir par le travail industriel.

Vous pèserez les avantages et les inconvénients respectifs de l'uniformité de perception ou du système de compensation par voie de détaxe.

La question est trop grave pour que je puisse prendre sur moi d'engager mes commettants dans l'une ou l'autre voie, sans connaître au préalable leurs vœux et leurs préférences. Je vous prie donc, Monsieur le Président, de vouloir bien me donner des instructions qui me tracent la ligne de conduite que j'aurai à suivre.

En attendant, je me retrancherai dans ce principe, que la sucrerie coloniale doit être maintenue sur le pied d'égalité avec la sucrerie indigène, sans m'engager sur le mode et la forme des compensations.

Le temps presse, car le Ministre de l'agriculture a pris l'engagement de pousser les choses, de façon que le nouveau régime puisse être appliqué pour la campagne 84-85.

Il est donc urgent que vous vous prononciez sur le parti à prendre entre ces deux solutions: détaxe compensatrice, ou uniformité de perception. Je vous prie de m'adresser vos instructions par le retour du courrier.

Agréez, Monsieur le Président, l'assurance, etc.

G. Couturier.

LETTRE

DU

PRÉSIDENT DE LA CHAMBRE D'AGRICULTURE

A M. G. COUTURIER

Saint-Denis, le 19 février 1884.

Monsieur,

La lettre publiée par vous à l'*Avenir des Colonies* du 15 décembre, avait été suffisante pour éveiller mon attention ; aussi, dans la séance de la Chambre du 1er février, dont je vous envoie le procès-verbal, elle émettait le vœu, sur ma proposition, qu'une compensation de 7 f. 50 par 100 kilog. de sucre devait être accordée aux sucres coloniaux, en retour des avantages que l'impôt sur le jus allait donner aux sucriers indigènes.

Ce vœu avait été proposé et émis avec toutes les appréhensions que l'on pouvait concevoir sur une compensation de cette nature, mais il nous semblait à ce moment qu'une autre ne pouvait y suppléer. Votre lettre du 14 janvier survenue le 2 février, au lendemain du vote, en confirmant le peu d'espoir à fonder sur une détaxe, nous invitait à étudier l'impôt nouveau appliqué aux colonies.

Dépourvu de documents officiels, n'ayant que des articles de journaux spéciaux, traitant de l'impôt sur le jus, il y a eu un peu de temps perdu. Cependant, dans l'impossibilité de réunir à nouveau la Chambre d'agriculture et vos mandants, dans un laps de temps si court, réduit encore par le départ avancé du courrier, mais comprenant l'urgence d'une prompte étude préliminaire, j'ai provoqué la réunion d'une commission d'hommes d'affaires, de nos principaux sucriers faisant partie de la Chambre et du nombre de vos mandants, afin de procéder à un premier travail, avec l'intention, sous quelques jours, mais trop tard pour le départ du courrier, de provoquer la réunion d'une assemblée générale de tous nos sucriers , pour leur soumettre le résultat des études de cette commission d'hommes compétents.

A défaut d'instructions précises, je vous adresse donc des aperçus, fruit du travail de cette commission, dans lesquels vous pouvez voir les résolutions qui seront présentées à l'assemblée générale projetée, qui seule décidera en dernier ressort.

Si nous sommes bien renseignés, il résulte des déclarations de M. Fouquet au Conseil supérieur de l'agriculture, que, contrairement à la note insérée au *Journal Officiel*, le ministre et la sous-commission ont formellement déclaré qu'il ne devait y avoir qu'une seule prise en charge et que, de plus, cette prise en charge serait considérée comme exagérée, si elle atteignait 1 kilog. 200 grammes de raffinés par hectolitre et par degré.

Dans votre lettre du 14 janvier, vous nous faites pressentir que c'est ce régime qui nous serait appliqué, en y ajoutant toutefois qu'il y aurait à tenir compte de la différence de richesse entre les jus de cannes et ceux de betteraves.

Permettez-moi, tout d'abord, Monsieur, d'établir que nous n'avons pas compris cette distinction. Nos jus ont une densité moyenne de 10° environ à l'aéromètre Beaumé, ceux de betteraves vont de 4 à 6°, c'est vrai, mais la différence se trouve suffisamment établie par ce fait qu'un hectolitre de jus à 10° donnera lieu à une prise en charge de 12 kilog. de sucre pur, tandis qu'en France ce même hectolitre de jus à 4 ou 6° donnera lieu à une prise en charge de 4 kilog. 800 ou 7 kilog. 200 selon qu'il pesera 4 ou 6.

Je ne saisis donc pas bien ce que vous entendez par cette échelle différentielle que vous nous faites entrevoir.

Autre chose : la France travaille des jus plus pauvres que les nôtres, mais l'état de son industrie, grâce à l'introduction de la science à l'usine, lui permet de retirer à peu près autant que nous, jugez-en :

Nos jus, à l'hectolitre et au degré, donnent en sucre pur 1 kilog. 220, 1 kilog. 335, 1 kilog. 444. 1 kilog. 511, 1 kilog. 666, soit une moyenne de 1 kilog. 435, soit en sucre pur 1 kilog. 310. Ceux de betteraves, d'après un tableau que je trouve au compte-rendu du congrès sucrier d'Amiens, vont de 1 kilog. 180 à 1 kilog. 610 avec une moyenne de 1 kilog. 487 en sucre brut, soit 1 kilog. 339 en sucre pur qui dépasse la nôtre.

Admettant donc que notre iudustrie se trouvera soumise aux conditions de celle de France, elle aurait en effet une bonification, une prime, qui peut s'établir à 0.235 grammes de sucre brut réduit à 0. 110 de sucre pur. Une récolte de 30,000 tonnes environ lui constituerait donc un excédant de 2,500,000 kilog. environ qui, aux droits du jour, 40 francs les 100 kilog., représenteraient en argent une somme de 1,000,000 fr., soit l'équivalent d'une prime de 3 fr. 50 par 100 kilog.

Tel serait notre boni ; en y ajoutant les améliorations que notre industrie pourrait, avec le temps, apporter dans ses procédés, notamment le travail de nos mélasses par l'osmose, on arriverait à cette compensation de 7 fr. 50 votée avec raison par la Chambre, dans sa séance du 1er février.

Malheureusement votre lettre nous dit catégoriquement que, pour rester dans une situation identique à celle des fabricants betteraviers, nos sucres devront se libérer ici avant leur départ pour la France, et ne jouiront de la restitution des droits qu'en cas d'expédition en pays étrangers.

Cette condition vient tout remettre en question et nous enlève tout le bénéfice que la législation projetée nous faisait entrevoir. En effet, les droits sur notre récolte ne se monteront pas ici à moins de 10.800.000 francs, à 40 fr. les 100 kilog., sur une récolte de 27,000,000 de kilog. de sucre pur. Ces droits qui sans doute seront perçus à la sortie de l'usine, de même que ceux des rhums, et que les Banques vont nous fournir seront immobilisés en moyenne pendant 6 mois, jusqu'au moment de l'entrée à la consommation ; il faudra donc tenir compte des intérêts à 6 pour cent l'an. . . . . 324.000 f.

Les tirages que nécessitent les expéditions de la récolte seront doublés, puisqu'ils comprendront aussi bien la valeur intrinsèque du sucre que celle des droits; de là une double commission à 2 pour cent sur 10.800.000 f. 216.000

De même des assurances 2 1/2 0/0.

(Disons en passant que le fisc percevrait des droits sur un produit qui n'arriverait peut-être pas en France ou arriverait détérioré par suite d'avaries). . 270.000

Enfin la douane française prélèvera les droits, non seulement sur les sucres expédiés en France, mais encore sur la consommation locale. 1,500,000 kilog. environ à 40 fr. les 100 kilog. . . 600.000

Ajoutez que l'usinier sera appelé à loger les employés du fisc, peut-être à supporter une partie des frais qu'ils occasionneront. . . . . mémoire

1,410,000 f.

Il résulte donc pour nous de cet exposé que, si l'impôt nouveau peut nous permettre d'atteindre un excédant, une prime de 1,200,000 f. environ, il nous grève par ailleurs de sommes supérieures, si nos calculs sont exacts. Il n'y a donc rien à attendre pour nous de cette nouvelle législation, si les droits doivent être liquidés sur les lieux de production.

Tout autre serait la situation, si la liquidation des droits pouvait se faire en France. Examinons cette situation :

Supposons un établissement en marche soumis à l'exercice ; selon l'usage du pays, il entrepose ses sucres au fur et à mesure de sa fabrication, par 50 tonnes de sucre, admettons ; le fisc a enregistré journellement les différentes prises en charge, il sait que sur les 50 tonnes il y a tant de kilog. soumis à l'impôt qui, aux droits de 40 fr. les 0/0 kilog., font telle somme, comme l'agent du fisc sait également quel est l'excédant de fabrication obtenu sur le lot de 50 tonnes, formant la prime consentie par le Gouvernement.

Pourquoi le fisc ne pourrait-il établir ces deux quotités au moment de la sortie de l'usine par une sorte d'acquit à caution dont l'entrepositaire serait touché afin de bien établir les droits du Trésor sur le sucre qui resterait sa garantie jusqu'à l'entrée à la consommation.

Le lot de 50 tonnes reste un mois, deux mois dans les docks, le moment de l'expédition arrive, pour France, supposons ; pourquoi le service des douanes d'ici ne pourrait-il expédier l'acquit à caution au bureau de destination, établissant les droits du Trésor sur ce lot qui arrive, est entreposé et se libère au moment de l'entrée à la consommation ; la marchandise étant restée jusque là la garantie du droit, de même que, dans nos expéditions, cette même marchandise reste garante de la traite qui l'accompagne.

Mais l'excédant, qui forme la prime consentie ?

L'existence et le quantum de cet excédant qui sont fixés par l'acquit à caution servant d'état civil à ce lot, étant suffisamment établis par ce document, il est évident qu'au moment de la vente, l'acheteur, qui n'a pas à payer au fisc le montant du droit sur cette quotité, la verse au vendeur qui est, soit le producteur, soit un tiers substitué.

Maintenant, admettons que ce lot de 50 tonnes, au lieu de s'expédier pour France, s'embarque pour l'Inde ou l'Australie. Dans ce cas, la douane établit une pièce qui le décharge du droit, une véritable quittance pour la part due au Trésor ; quant à celle formant l'excédant, il est bien certain qu'elle ne suivra pas cette voie, puisqu'elle est assurée de valoir en France 40 francs les 100 kilog. de plus que partout ailleurs.

L'acquit à caution dressé à la sortie de l'usine, établissant son origine et accompagnant la marchandise, permettra à cette fraction d'entrer en France en franchise.

Je ne sais, Monsieur, si je me fais bien comprendre, mais il me semble qu'il y a là une solution, puisque nous n'aurions plus à payer ici les 8 à 900,000 fr. de frais qui résulteraient pour nous de la liquidation des droits dans le pays.

Resteraient cependant les droits prélevés par la Douane sur la consommation locale.

Bien que les intérêts de la consommation ne soient pas ceux de la production que nous défendons ici, il y a lieu cependant de s'en préoccuper et de s'efforcer d'obtenir la remise de ce droit à percevoir sur la consommation locale, puisque s'il était perçu, il enlèverait à lui seul au pays 600,000 francs sur les 1,200,000 fr. de prime. Ne pourriez-vous vous appuyer sur l'infériorité notoire de notre industrie, sur les désastres atmosphériques dont nous sommes trop souvent les victimes, sur la cherté de la main-d'œuvre, sur le prix de revient exagéré de notre outillage grevé de frais de transport onéreux? Il peut sembler qu'il y a là pour vous un terrain de discussion fort acceptable et que de pareils arguments seraient loin d'être sans valeur.

Dans ces conditions, la liquidation des droits en France et l'exemption du droit sur la consommation locale, on pourrait peut-être penser que la nouvelle législation serait applicable à la Colonie avec quelque avantage pour elle, puisqu'elle équivaudrait à une prime de 4 francs pour 0/0 kilog, pouvant s'augmenter avec les améliorations industrielles et arriver ainsi aux 7 f. 50 demandés par la Chambre, à titre de compensation.

Avant d'examiner la compensation sous forme d'une détaxe, laissez-moi appeler votre attention sur un point qu'il convient d'élucider. L'établissement de l'exercice amènerait l'Etat à créer dans la Colonie tout un personnel pour la perception du droit. 60 à 70 usines exigeraient la présence d'autant d'employés, un service central peut-être, à moins qu'on ne le rattache au service local, enfin à coup sûr de grands frais. Eh bien! mais, si usant de notre liberté commerciale, et nous y tenons de plus en plus, la récolte venait à s'expédier sur l'Inde ou sur l'Australie, ne donnant plus de perceptions? Le Gouvernement serait-il disposé à créer une situation qui ne lui permettrait même pas de rentrer dans ses frais de personnel? Ce point est à envisager.

Autre point sur lequel il convient d'appeler votre attention.

La loi du 23 mai 1860, qui établissait une première fois l'impôt sur le jus, était d'abord facultative ; en sera-t-il de même? Puis elle admettait en franchise les sirops de toute fabrique abonnée. Elle fixait le point de prise en charge comme devant avoir lieu à la défécation et alors elle déduisait 1/10 pour les laits de chaux ajoutés au jus. En plus, elle consentait une réduction de 5 pour 100 pour les mélasses. Je ne sais rien de ce qui se passait à cet égard ; aussi ces différents éléments n'entrent pas dans nos calculs. Quoi qu'il en soit, il serait important de les obtenir, en portant pour nous la réduction sur les mélasses à 10 pour 100, comme plus conforme à l'exactitude des faits.

J'en viens à l'examen de la détaxe comme compensation, au cas où il serait établi que nous ne pourrions nous libérer qu'ici, et ne pourrions être exemptés du droit sur la consommation locale.

Le principe d'une compensation étant admis, au cas où il ne pourrait y avoir égalité de traitement, il convient d'envisager la détaxe équivalente. Le quantum pourrait se fixer aux environs de 3 fr.50 à 7 fr. 50, étant admis que 3 fr. 50 les 100 kil. représente le boni que nous pourrions retirer de suite, mais non celui que nous pourrions obtenir des améliorations à apporter, qui alors pourraient se rapprocher sensiblement de 7 fr. 50 les 100 kilog. avec les importants perfectionnements industriels à introduire.

Reste le reproche capital que l'on fait à la détaxe considérée comme un appât attirant les denrées similaires en France, venant encombrer les stocks et faire concurrence aux sucres indigènes déjà menacés par les étrangers. Pourquoi alors cette détaxe ne nous seraitelle pas acquise au moment de l'embarquement pour toute destination autre que celle de la France. L'équivalence de traitement serait acquise et la concurrence évitée par l'industrie indigène. Dans cet ordre d'idées, on serait amené à penser que les betteraviers seraient même appelés à participer, dans une certaine mesure, à cette détaxe, tenant compte de l'avantage qui résulterait pour eux de ne plus voir venir sur le marché français 120 à 130,000 tonnes. Je vous soumets cette idée à tout hasard, comme s'étant fait jour au sein de la Commission, et uniquement pour faire passer sous vos yeux les différents aperçus envisagés.

Il n'en est pas de même du mode de procéder du gouvernement hollandais, sur lequel la Commission appelle votre plus sérieuse attention, vu les nombreux points de similitude qui unissent cette situation à la nôtre.

La Hollande est sous le régime de l'exercice comme la Belgique, et l'impôt sur le jus y est pratiqué. Comme nous, elle a été appelée à concilier les deux intérêts indigènes et coloniaux. Son sens pratique l'a amenée à établir que tout sucre colonial ne serait pas taxé à son entrée dans les ports hollandais au-dessus de 80° de richesse saccharine, laissant toute la différence comme compensation aux bonis des fabricants indigènes. C'est logique, équitable et d'une application on ne peut plus pratique. Voyez s'il n'y aurait pas possibilité de faire adopter cette solution qui conserve toujours cependant l'inconvénient d'attirer les sucres en France, afin de jouir, soit de cette détaxe, soit de cette remise de titres saccharine, ce qui est tout un.

Il faut cependant bien admettre que l'équité et la logique ont leurs droits en tout pays et qu'il arrive fatalement une heure où ils recouvrent toute leur vigueur.

Je ne veux pas entreprendre l'historique de la détaxe ; vous l'avez faite éloquemment dans votre lettre du 4 janvier, mais il me sera permis de dire, les circonstances s'y prêtant, que cette détaxe aurait plus que jamais sa raison d'être, puisqu'elle ne se présenterait plus aujourd'hui que comme une compensation légitime à des bonifications fort appréciables, qu'il est, je le reconnais, assez difficile de fixer, mais qui certainement sont fort sérieuses, puisque nos rivaux allemands répartissent de si beaux dividendes à leurs actionnaires, malgré les bas prix du jour.

Je m'arrête, Monsieur, les vues que je vous ai soumises sont suffisantes, je n'en doute pas, pour vous armer et vous permettre de lutter, en faisant connaître et prévaloir nos droits, ceux que vous avez fait établir avec tant de perspicacité et de connaissance des choses coloniales, au congrès d'Amiens.

Si je ne conclus pas et vous en comprendrez suffisamment la cause, je ne doute pas cependant, au cas où les événements vous auraient appelé à prendre hâtivement un parti, que vous ne dégagiez de cette trop longue lettre les éléments qui vous permettront de mener à bien les véritables intérêts du pays, ceux de l'agriculture.

Bien que l'administration locale n'ait pas jugé opportun de saisir la Chambre de l'étude d'une modification aussi importante, j'écris à nos représentants pour leur faire connaître succinctement les causes qui, à première vue, rendent impossible l'application de l'impôt sur les jus à la Colonie ; je les engage vivement à s'entendre avec vous pour élaborer sur les lieux le *modus vivendi* le plus conforme à nos intérêts coloniaux , étant admis nos droits à une parité complète de traitement.

Veuillez agréer, Monsieur, l'expression de mes meilleurs sentiments.

Signé AUGUSTE CORNU.

Saint-Denis, le 19 février 1884.

Messieurs MILHET FONTARABIE

SÉNATEUR,

DE MAHY & DUREAU DE VAULCOMTE

DÉPUTÉS.

Messieurs,

La Chambre d'agriculture, dans sa séance du 1er février, a émis différents vœux qu'elle m'a chargé de vous transmettre.

Le premier vœu a trait à la compensation qu'il importe d'obtenir au profit des colonies, en retour des avantages que les fabricants de sucre indigène sont à la veille d'obtenir par l'application de l'impôt sur les jus.

Dans la séance du 1er février, la Chambre, examinant le chiffre de compensation à établir, les droits des colonies à une parfaite égalité de traitement ayant été réservés, a émis le vœu qu'une somme de 7 f. 50 par 0/0 kil. soit consentie.

En effet, en l'état actuel de notre industrie, si cette législation nous était appliquée, c'est-à-dire si le fisc se contentait comme maximum d'une prise en charge de 1 kil. 200 de sucre raffiné par hectolitre de jus et par degré, nous estimons que nous ne pourrions obtenir moins de 4 à 5 fr. de boni par 0/0 kil. aux cours du jour ; sans compter ceux qui résulteraient des améliorations que nous serions incités à apporter dans notre fabrication. Malheureusement on peut penser que l'application de l'impôt sur le jus serait ici impossible, par suite de l'obligation qui nous serait faite de liquider les droits dans le pays ; la situation que nous créérait le paiement des droits ici, devant nous enlever tout l'avantage que nous retirerions des excédants de fabrication indemnes de tous droits.

On peut penser, en effet, que, sur une fabrication moyenne de 30,000 tonnes, par suite du tarif et de l'état actuel de notre industrie qui nous permet de retirer en moyenne environ 1 kil. 489 de sucre brut par hectolitre et par degré, notre excédant ne serait pas moindre de 3,000,000 de kilogrammes, soit à 20 francs par 0/0 kil. une prime de 1,200,000 francs ou 4 francs les 0/0 kil. Mais si vous voulez bien admettre qu'il faudrait nous procurer dans le pays les dix millions 800,000 francs de droit à payer sur 27,000,000 de sucre pur que nous livrons et supporter sur cette somme environ 6 mois d'intérêt ; si vous voulez ajouter à cette première charge une double commission de 2 0/0 sur nos traites, puisqu'elles comprendront non-seulement la valeur vénale du sucre, mais encore la quotité du droit ; si vous ajoutez à cela les assurances doublées sur cette même somme ; enfin, si vous faites entrer en ligne de compte les 600,000 francs de droit que la douane française viendrait dans le pays prélever sur notre consommation locale, vous serez avec la Chambre lorsque, pour conclure, je dirai qu'une compensation équivalente est préférable.

En la fixant à 4 francs les 0/0 kil., nous n'aurions que l'équivalent de ce que nous pourrions obtenir, si nous étions soumis à l'exercice, déduction faite des frais que la liquidation ici nous imposerait. En la portant à 7 f. 50, nous serions en complète parité avec les améliorations à réaliser. Mais la Chambre ne s'est point dissimulé la difficulté que nous rencontrerons pour obtenir ce quantum. Aussi envisageant la possibilité de l'application de l'exercice à la Colonie, conformément à ce que j'écris à M. G. Coutuier, notre représentant au sein du Comité des fabricants de sucre, je vous dirai pour conclure que, si l'impôt sur le jus doit nous être appliqué, ce ne peut être qu'à la condition que les droits soient liquidés en France et que la consommation locale en soit exemptée.

Inutile d'appeler votre attention sur les deux autres vœux : reprise de l'immigration indienne sur les bases consenties par le Conseil général, dans sa session dernière, et création de la ligne bi-mensuelle de la Compagnie Maritime de Madagascar, avec escale à Mozambique, Ibo, Zanzibar, etc. etc. Je vous sais pénétrés de l'urgence de ces mesures, aussi l'agriculture attend de vous toute la célérité que ces graves questions comportent.

Dans l'espérance que votre haute influence sera acquise à la réalisation des vœux de la Chambre, je vous prie d'agréer l'expression de mes sentiments respectueux.

Signé A. Cornu.

Pour copie conforme :

Le Secrétaire,

E. Héry.

Typ. de G. et G. Lahuppe.

www.ingramcontent.com/pod-product-compliance
Ingram Content Group UK Ltd.
Pitfield, Milton Keynes, MK11 3LW, UK
UKHW012310240726
13966UKWH00005B/1773

9 782013 387583